U0296043

## 出版说明

中国是一个地大物博、历史悠久的文明古国。自历史的脚步迈入新世纪大门以来，她越来越成为世人瞩目的焦点，正不断向世人绽放她历史上曾具有的魅力和光辉异彩。当代中国的经济腾飞、古代中国的文化瑰宝，都已成了世人热衷研究和深入了解的课题。

作为国家级科技出版单位——中国建筑工业出版社60年来始终以弘扬和传承中华民族优秀的建筑文化，推动和传播中国建筑技术进步与发展，向世界介绍和展示中国从古至今的建设成就为己任，并用行动践行着"弘扬中华文化，增强中华文化国际影响力"的使命。从20世纪80年代开始，中国建筑工业出版社就非常重视与海内外同仁进行建筑文化交流与合作，并策划、组织编撰、出版了一系列反映我中华传统建筑风貌的学术画册和学术著作，并在海内外产生了重大影响。

"中国精致建筑100"是中国建筑工业出版社与台湾锦绣出版事业股份有限公司策划，由中国建筑工业出版社组织国内百余位专家学者和摄影专家不惮繁杂，对遍布全国有历史意义的、有代表性的传统建筑进行认真考察和潜心研究，并按建筑思想、建筑元素、宫殿建筑、礼制建筑、宗教建筑、古城镇、古村落、民居建筑、陵墓建筑、园林建筑、书院与会馆等建筑专题与类别，历经数年系统科学地梳理、编撰而成。本套图书按专题分册，就其历史背景、建筑风格、建筑特征、建筑文化，结合精美图照和线图撰写。全套100册、文约200万字、图照6000余幅。

这套图书内容精练、文字通俗、图文并茂、设计考究，是适合海内外读者轻松阅读、便于携带的专业与文化并蓄的普及性读物。目的是让更多的热爱中华文化的人，更全面地欣赏和认识中国传统建筑特有的丰姿、独特的设计手法、精湛的建造技艺，及其绝妙的细部处理，并为世界建筑界记录下可资回味的建筑文化遗产，为海内外读者打开一扇建筑知识和艺术的大门。

这套图书将以中、英文两种文版推出，可供广大中外古建筑之研究者、爱好者、旅游者阅读和珍藏。

草力 撰文摄影

中国精致建筑100

中国的亭

中国建筑工业出版社

# 目录

中国的亭

亭是中国人最喜闻乐见的一种建筑形式，一般说来，亭的体量不大，但造型丰富，玲珑多姿，适应性极强。无论是在帝王之家，乡野市廛，还是在山间水际，几乎随处都能见到它的身影，而且亭还富于诗情画意，具有独特的艺术魅力和十分深厚的文化内涵。或许可以说，亭就是中国古典建筑意匠的一个缩影。

亭的应用十分广泛，在城镇乡村中，有路亭、街亭、桥亭，供人遮阴避雨，驻足小憩。在寺、观、庙、祠中，有钟鼓亭、献亭、享亭、祭亭，服务于宗教或祭祀活动。在官衙府邸中，又有凉亭、戏亭、乐亭和井亭等，具有休闲娱乐功能和实用价值的亭。而在风景胜地和园林之中，更因为有了各种形式的景亭作点缀，而益增景致之美。

四川青城山有亭二十余座，颐和园有亭四十余座。故宫的御花园中设亭十二座，占全园建筑的四分之三。在拙政园和怡园中，亭也占了全园建筑的一半以上，而苏州畅园的建筑则仅仅是由五个不同形式的亭所组成，只有一百多平方米的苏州残粒园也是因为有了一亭，才得以称其为园的。正所谓"无亭不成园"，故古时园林亦称作"园亭"或"亭园"。

亭的造型非常丰富，有方形、圆形、扇形、六角形、八角形等，此外，还有许多其他的特殊形状和复合形式的亭。其造型之精巧，构思之奇特，亦每每令人为之惊叹。而建亭所选用的材料也是多种多样，木、竹、石、砖、瓦、草、琉璃、树皮等一应俱全，可谓变化多端，形异而质殊。

这些造型丰富、材料各异的亭，遍布在大江南北、立山巅、枕清流、临涧壑、傍岩壁、处田野、藏幽林。或跻身于建筑群之中，或婷立于大自然的怀抱，总是与周围的环境和谐地组织在一起，构成一幅幅生动的画面，令空间环境妩媚，为自然山川增色。远观，那美丽多姿的轮廓将人们的生活情趣引入自然，使湖光山色生辉，入内，则是四周景物尽收其中，加强了艺术感染力。正如白居易所说："高不倍寻，广不累丈，而撮奇得要，地搜胜概，物无遁形。"（《冷泉亭》）

　　千百年来，亭的功能和形式几经变迁，从市亭、邮亭，发展到观赏亭，它不仅具有一定的实用价值，更重要的是，它还具有"临观之美"，它作为人与自然之间的中介空间，为人们提供了观赏自然、体察万象的场所，使人神与物游，进入"顿开尘外想，拟入画中行"的艺术境界，成了锦绣河山中富有生机的"点睛"之笔，故清代著名学者袁枚为之感叹道："亭之功大矣！"

图0-1　山东泰山岱庙大殿前碑亭
碑亭建在岱庙的主体建筑天贶殿的月台之上，东西两座对称布置，在建筑组群中起着加强中轴线，烘托大殿的雄伟壮观和活跃空间气氛的作用，亭内的石碑刊有岱庙修建题记。

图0-2　江苏苏州拙政园松风亭
松风亭是一临水暖阁，四周回廊环绕，亭旁有松，故名松风亭，寓意风来松声入亭，隐喻建亭构景所追求的是一种心性高洁的清逸境界，颇具浪漫气息。

一、演化相寻绎　翻覆成古今

演化相寻绎 翻覆成古今

筑境 中国精致建筑100

亭的历史十分悠久，可以上溯至商周以前。但"亭"一词的出现，却相对较晚，大致始于春秋战国前后，甲骨、金文中均未见有"亭"字，现在发现的最早的"亭"字，是先秦时期的古陶文和古玺文。大概可以认为，在秦以前，亭的基本形制或许尚未十分成熟，但至秦汉时，亭已十分普遍，是一种多用途、实用性很强的建筑形象的总称。

春秋战国时期的亭，是设在边防要地的小堡垒，称亭障、亭燧，为"伺候望敌之所"。后来秦汉中央集权政府把它扩大到各地，成了维持地方治安的基层行政单位，同时也是职司的所在地，如汉高祖刘邦即做过泗上亭长；汉时封功臣又有"亭侯"之爵，蔡伦晚年就曾被封为"龙亭侯"。

这种地方的行政治所大多兼有邮驿职能。《风俗通义》云："汉家因秦，大率十里一亭。亭，留也。今语有亭留、亭待，盖行旅宿食之所馆也。"据《汉书·百官公卿表》记载：西汉时全国共计设有亭二万九千六百三十五个。

另外，汉时常把目标显著、便于登高眺望的建筑物称"亭"。张衡在《西京赋》中说："廊开九市，通阛带阓，旗亭五重，俯察百隧。"所以《说文》给亭下的定义是："亭有楼，从高省，丁声。"从古陶文和古玺文来看，"亭"字写作"畲"、"畲"，是建筑形象的简化。而成书于东汉的《九章

图1-1 敦煌壁画中亭的形象

从敦煌莫高窟唐代壁画中可以看出，
亭的建筑造型已有了很大的发展，平
面突破了四角方形，出现了六角亭、
八角亭和圆亭，屋顶也有攒尖、庑
殿、歇山和重檐多种形式。

a

b

图1-2 山西太原晋祠难老泉亭及其平面图、立面图和剖面图

晋祠中的难老泉是晋水的源头，取《诗经·鲁颂》中的"永锡难老"为泉名。亭创建于北齐天保年间，明嘉靖时重修，八角攒尖，斗栱硕大，侧脚和收分非常明显，做法犹存古制。

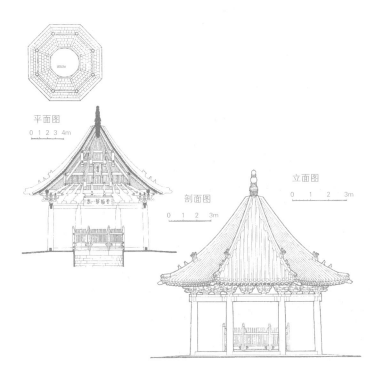

平面图

0 1 2 3 4m

剖面图

0 1 2 3m

立面图

0 1 2 3m

b

算术》更称立方体的台为"亭"，方亭即正四棱台，"圆亭"则是圆台。由此我们便不难推想，当时的亭大概就是一种建于高台之上的木结构的"楼"。因其所处之地的不同，而有众多的名称。立于城门之上的叫"旗亭"，处于市肆之中的叫"市亭"，建于行政治所的叫"都亭"，筑于边关要塞的叫"亭障"、"亭燧"。显然，这种楼是一种用于观察、眺望，并具有一定标示性作用的建筑，是从军事需要衍化而成的"望楼"。故《风俗通义》中有"春秋国语，疆有寓望，谓今亭也"。

魏晋以降，随着社会的变革，纵情山水、投身自然成为时尚，亭的性质也跟着发生了变化，出现了供人游览和观赏的亭。会稽山阴的兰亭就是如此。兰亭最初本是一座带有邮驿性

图1-3 安徽歙县潜口善化亭/上图
善化亭建于明代，石柱身木构架，单檐歇山，山花作悬山式，做法质朴古意犹存。善化亭原建在歙县的许村，现已迁至潜口的民俗博物馆旁。

图1-4 北京颐和园铜亭/下图
铜亭称宝云阁，建于清乾隆二十年（1755年）。通高7.5米，重207吨，柱、梁、斗栱、椽、瓦等均仿木结构，通体青色，造型精美，工艺复杂，是世上少有的珍品。

a

图1-5a,b　陕西黄陵县黄帝
陵碑亭及其立面图
碑亭是传说中轩辕黄帝墓前
的纪念性和祭祀性的建筑
物，故采用最高等级的庑殿
顶形式。亭坐落在黄陵县城
以北的桥山之巅，山上古柏
成林，郁郁参天，山下沮水
回环，形式不凡。

质的路亭，但据北魏郦道元在《水经注·浙江
水》中的记载，为了能够更好地观赏四周的湖
光山色，它曾被移到了湖滨，后又被造在山冈
上以便临高远眺。这样它的功能和作用便发生
了很大的变化，开始由实用性的亭转向观赏性
的亭。

　　建于园林中的亭，现在见到的最早的史料
是北魏杨衒之所著的《洛阳伽蓝记》和郦道元
《水经注·榖水》中有关华林园内"临涧亭"
的记载。到了南朝时，在园林中建亭即已非常
普遍。梁元帝萧绎在他的湘东苑中就建有"隐
士亭"、"映月亭"和"临风亭"等。陈时，
尚书令江总还留有《永阳五斋后山亭铭》一
文，开为亭作记之先河。

　　隋唐以后，亭便成了园林中不可缺少的
建筑，按《大业杂记》记载，隋炀帝榆林行宫
的山上建有翠微亭等十二座山亭，纵广二丈有

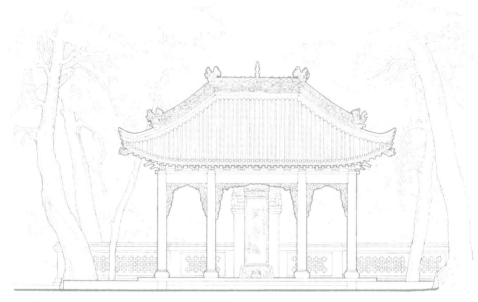

b

立面图

余。而西苑中的逍遥亭更是"四面合成，结构之丽，冠于今古"。在唐代的一些宫苑中，亭不仅是苑中的重要景观建筑，而且在数量上也远远超过了其他类型的建筑。《长安志》中说："禁苑在宫城之北，苑中宫亭凡二十四所。"其中亭就有十八座之多，占全苑列名建筑的75%，可谓历史上大量以亭入园之始。唐代官吏、士大夫于宅邸、别业中筑亭的亦颇多。如王维的辋川别业中的临湖亭，白居易家中的琴亭和中岛亭，中书令苏味道宅中时称巧绝的三十六柱亭等。

到了宋代，亭的建造更为普遍，功能和用途也得到了很大的发展，《营造法式》中还专门列有亭的做法和图样，把亭规范化了。从宋

图1-6 北京颐和园廓如亭
廓如亭俗称八方亭，八角
重檐攒尖，位于十七孔桥
之畔，是建筑面积最大的
亭子，内外有三圈柱子，
共48根。

代的绘画和记载来看，当时筑亭已不再是晋唐那样纯粹地因借自然形胜，而是把人的主观意念，把人对自然美的认识和追求纳入了建亭的立意构思之中，开始寻求寓情于物的人工景观的组织了。

至明清时，这种追求又得到了进一步的深化，在重视亭的造型创造的同时，对建亭的位置选择，景观和观景效果的处理，以及周围环境的配置都备加用心，而且还非常注意亭与其他建筑之间的关系。在风景区和园林中，亭对造园意境的体现已成为刻意追求的目标。人们运用各种艺术手段，寓情于景，移随入境，把主观的情感融汇在客观的筑亭造景之中，在建筑的艺术和技术两方面都达到了十分纯熟而又臻于完善的境地，进入中国古典亭榭发展的鼎盛时期。

二、功多应用广 蔚然成大观

亭是一种多功能的建筑类型，适应性很强。同样称为亭的建筑，其性质、功用却往往不尽相同。有因景而筑的观赏亭，有因地而建的休息亭，有因物而设的庇护亭，有因人而立的纪念亭，以及因事而造的谕世亭等。

路亭在古时，是最为习见的亭之一。《释名》："亭，停也。人所停集也。"指的就是由驿亭、邮亭演变而成的路亭。在民间，历代多有在交通要道和村口路旁筑亭的习俗，以作为旅途歇息之用和迎宾送客的礼仪场所。在诗人笔下，这种路亭更衍变成一种与乡思、离别、旅愁相关的带有伤感色彩的象征性建筑。例如"客愁旧岁连新岁，归路长亭间短亭"

图2-1 广西阳朔东山亭
东山亭是一座较为典型的路亭，木构硬山，护有马头山墙。在阳朔当地的民居多用土坯砌筑，而路亭却全部用砖墙做围护结构，足见路亭在人们的生活中占据着十分重要的位置。

图2-2 江苏扬州瘦西湖五亭桥

五亭桥原名莲花桥，建于清乾隆二十二年
（1757年）。桥身用青石砌成，上建琉璃攒尖
顶方亭五座，整座桥亭造型丰富生动，精巧宽
敞，是扬州胜景。

**图2-3 颐和园西堤桥亭**

（张振光 摄）

颐和园的西堤是清乾隆时仿杭州西湖的苏堤建造的。堤上有界湖桥、豳风桥、玉带桥、镜桥、练桥和柳桥等六座造型各异的桥亭点缀其间。利用亭与桥相结合的造型，丰富空间的轮廓线，是湖滨景观的成功实例。

（范成大《东郊故事》），就是通过描述路亭来表达离忧思的心境的。

在南方，桥上也常常建有亭。桥亭始自何时不得而知，但桥与建筑物结成一体的情况在隋唐时就已经较为普遍了。韩愈在《方桥》一诗中说这种桥是"非阁复非船，可居兼可过"。桥上建亭主要是为了遮雨防腐，以便木构桥梁延年，后来出于造型的目的，便也在石桥上建。园林中的桥亭既为歇息，又为游赏，故而多趋于华丽，极尽变化之能事，以至于渐渐地"喧宾夺主"，主不在桥而在亭了。

井亭的出现很早，是为了防止井水受到污染保持井台清洁防滑而设置的。从汉代出土的陶器上即可看到它的形象。宋代《营造法式》中已有了"井亭子"制度。明清以来的井亭大致有两种类型，一是顶上开口，一是不开口。

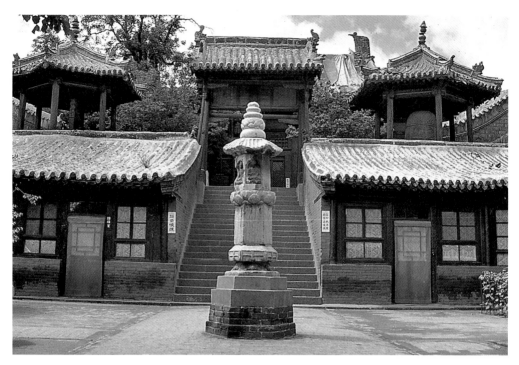

图2-4 山西大同下华严寺钟鼓亭

钟鼓亭在下华严寺的月台上，平面六角形，建
于明万历年间。北方辽金时期的佛寺的钟鼓亭
多设在大雄宝殿的月台上两侧，中央置一牌
坊，在大殿前形成空间变化，强调轴线关系，
衬托主体建筑。

a

图2-5a,b 山西洪洞大槐树
碑亭及其平面、立面图
此亭实为纪念亭。据记载自
明洪武三年（1370年）至永
乐十四年（1416年）曾先
后七次在洪洞城西北广济寺
旁一株传为汉植的古槐树旁
办理移民手续，今冀、鲁、
豫、苏、皖等地民间有祖先
从大槐树下迁来的传说，为
纪念此事遂建亭立碑。

亭顶的开口，据说是因为地下打出来的水属
阴，而人应喝阳水，因此井中的水一定要见阳
光，所以就在亭顶开口以求其阳。而实际上，
亭顶的开口不过是为了采光，便于淘井而已。

钟鼓亭为报时之用，在寺庙中常成对地
布置，当然也有一些单独设置的钟亭，如南京
的大钟亭和九华山的大钟亭等。据《洛阳伽
蓝记》记载，洛阳"阳渠北有建阳里，里有
土台，高三丈，上作二精舍。赵逸云：'此台
是中朝旗亭也'。上有二层楼，悬鼓击之以罢
市。有钟一口，撞之闻五十里"。看来后世的
钟鼓楼、钟鼓亭或许就是由秦汉时的旗亭演变
而来亦未可知。

庙宇、道观和祠堂中通常也设有亭，多为
供奉祭品、举行仪式之用，虽名称不一，如献
亭、拜亭、香亭、享亭等，但作用相同，都是

平面图

1 2 3 4 5m

立面图

0 0.5 1 1.5 2m

b

功多应用广 蔚然成大观

筑境 中国精致建筑100

祭祀之亭。祭祀亭的位置一般都非常显要，是举行祭祀活动的重要场所，所以它的造型和装修都相当考究，许多都采用盘龙石柱，雕刻精湛，屋顶亦多为歇山，有些还做成重檐，内部甚至还带有做工精巧的藻井。实际上，祭祀亭在人们的心目中已不仅仅是祭祀活动的场所，而在一定程度上还蕴含着人们某种精神寄托。

碑亭属于庇护亭，是为了保护某些重要的碑石而建造的。在风景胜地也常常建有碑亭以点明景观特色，亭内的石碑不但镌刻有关胜迹的题名，而且还刊有许多诗赋，道出景色意境。而有些碑亭则带有纪念性意义，或是为了纪念著名的历史人物而建，或是为了纪念一些重要的历史事件而建。

流杯亭是园林中所特有的一种特殊形制的亭。流杯亦称流觞，源于民间"被除不祥"

图2-6 北京北海碧鲜亭
碧鲜亭是北海静心斋墙外的一座倚墙而立的半亭，背依韵琴斋南墙，中有一方窗与室内相通，在韵琴斋室内即可眺望太液风光，使静心斋内外景物交相融合，为北海北路增添一景，位置经营构思十分巧妙。

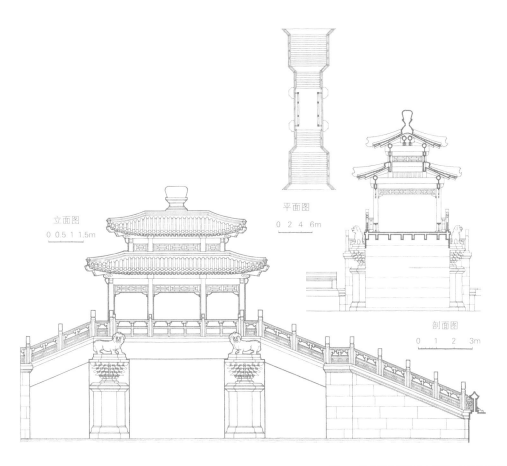

平面图

0 2 4 6m

立面图

0 0.5 1 1.5m

剖面图

0 1 2 3m

图2-7 北京颐和园荇桥亭平面、立面和剖面图

荇桥在颐和园内石舫旁，亭呈长方形，坐落在桥
上正中，重檐黑活屋面，桥墩旁安有四个石兽。
荇桥造型优美别致，是有代表性的官式桥亭。

图2-8 北京故宫御花园井亭平面、立面图

北京故宫御花园是明清帝后游嬉之处，为配合
周围景物，一对小巧的井亭造得极为绚丽精
致。井亭平面呈方形，四柱上端各加了一斜出
45°角的枋子（扁檐梁），两枋之间又有一平
行于面阔的枋子，亭顶成八角形。为采光及掏
井方便，上开八角形洞口，做成盝顶。上覆黄
色琉璃瓦。东西两亭从结构到形式如出一辙，
仅檐下檩坊上彩画各异。

中　国　的　亭

功多应用广　蔚然成大观

筑境　中国精致建筑一〇〇

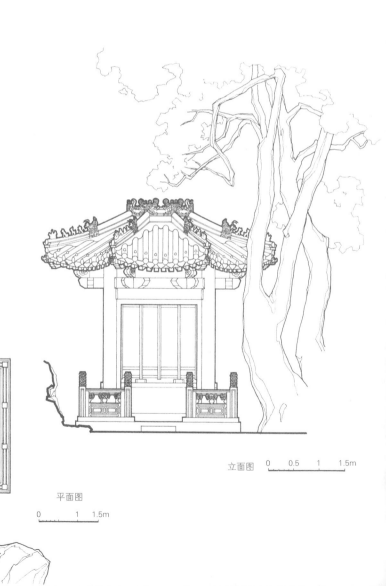

立面图　0　0.5　1　1.5m

平面图

0　1　1.5m

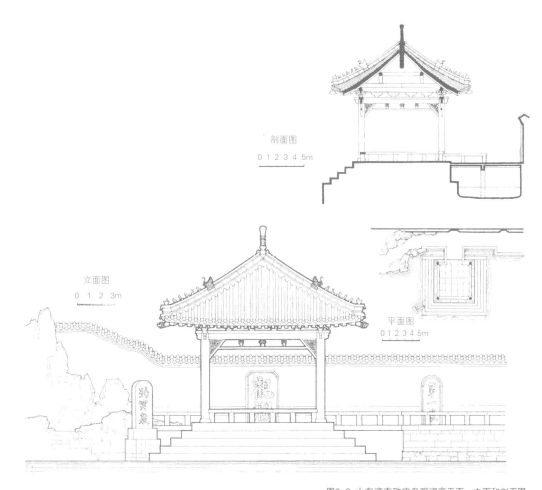

剖面图
0 1 2 3 4 5m

立面图
0 1 2 3m

平面图
0 1 2 3 4 5m

图2-9 山东济南趵突泉观澜亭平面、立面和剖面图

趵突泉池西边有一小亭，名观澜亭，是为观赏"天下第一名泉"而建。始筑于明代，凭栏可俯视三穴涌涛。亭前水中有一碑，上刻"趵突泉"，为明代胡缵宗书写。亭后"观澜"二字刻石，为明代张钦所书，而亭侧的"第一泉"碑刻为清人王钟所书。

的习俗，后来这种活动发展成为文人临流赋诗、饮酒赏景、尽游宴之乐的风雅之举，并逐渐由室外缩小到在凿有弯曲回绕水槽的亭中进行了。现存的流杯亭多为明清遗物，全国各地均有。北京即有四座：故宫乾隆花园内的禊赏亭、中海的流水音、恭王府花园内的沁秋亭和潭柘寺的猗玕亭。安徽滁州醉翁亭园中的意在亭，以古兰亭为本，它的石渠曲水不在亭内，而在亭外的庭院中，带有魏晋遗风。

三、形制出新意　变化岂万千

形制出新意 变化岂万千

筑境 中国精致建筑100

a

图3-1 浙江杭州西湖小瀛洲开网亭及其平
面、立面和剖面图

开网亭三角攒尖，建于石板曲桥的转折处，
嫩戗发戗，亭顶做有仙鹤。此亭造型质朴清
秀，婷立水面，波光荡漾曲柱耀光，堪称佳
境，也是游人驻足小憩，观赏景致的所在。

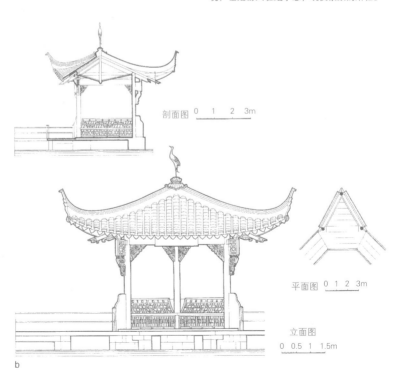

剖面图 0 1 2 3m

平面图 0 1 2 3m

立面图 0 0.5 1 1.5m

b

图3-2 北京天坛扇面亭
天坛内的扇面亭原建在北京中海的西岸，后迁至天坛。
亭呈扇形，歇山顶，坐落于假山之上，造型秀丽俊逸，
结构精巧，颇受游人青睐。

图3-3 云南昆明圆通公园的三叉亭/后页
亭呈三叉形，重檐琉璃顶，而实为一六角亭，三面出抱
厦，中部高起处做六角攒尖顶。造型新颖华丽，为典型
的云南做法。

亭的造型灵活多样，尽管它只是较小的一种建筑，但却常常嗜奇思巧，标新立异。它不但在平面形式上富于变化，而且在屋顶做法和整体造型上，在亭与亭之间的组合关系上进行创造，产生了许多绚丽多姿、自由俊逸的形体，可以说，亭是一种集建筑形式之大成的建筑类型。

亭的平面形态可说是中国古典建筑平面形式的集锦。它的形态除了一般常见的方形、矩形、圆形、正六边形、正八边形等规则的几何形态以外，尚有许多特殊的平面形态，如三角形、五角形、九角形、十字形、扇面形、梅花形、海棠形、扁六角形、扁八角形、圭角形、

a

中国的亭

形制出新意 变化岂万千

◎筑境 中国精致建筑100

图3-4 四川峨眉山清音阁双飞亭及其侧立面图
双飞亭位于四川峨眉山清音阁前，亭为两层，
平面方形，利用自然地形的高差设置踏步，可
至二层歇憩，蹬道与石桥相接，过桥即是清音
阁的大雄宝殿。双飞亭体量较大，构造做法为
典型的四川手法。

侧立面

0　1　2　3m

b

图3-5 北京天坛双环亭及其平面、立面和剖面图
双环亭本名万寿亭，是乾隆为其母祝寿而建的，故平面做成两个寿桃形。原建在北京中海内，现迁至天坛。双环亭是由两个重檐攒尖的圆亭组合而成，造型奇丽，为人珍爱。

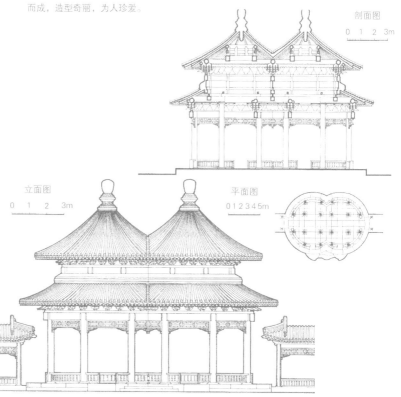

剖面图
0 1 2 3m

立面图
0 1 2 3m

平面图
0 1 2 3 4 5m

图3-6 安徽太平县太宇亭

太宇亭在太平县城郊，始建于明万历年间，崇祯四年（1631年）重建。亭高3层20米，六角攒尖，底层石柱，石栏板，上两层全部木结构。底层四周有石刻浮雕17块，刻有山水、人物、花卉、飞禽走兽，栩栩如生，极为精致。

中国的亭

形制出新意 变化岂万千

◎筑境 中国精致建筑100

凸字形，以及两种以上几何形态的组合形，如方胜形、双环形、双六角形和三叉形等。它们可以随着地形环境及功能需要的变化而灵活运用，是其他类型的建筑所无法比拟的。

亭的屋顶形式则是中国古典建筑屋顶形式的荟萃。亭的屋顶，以各种形式的攒尖顶最为常见，如圆攒尖、方攒尖、三角攒尖、六角攒尖、八角攒尖和盔顶等。有带脊的如庑殿顶、歇山顶、悬山顶、硬山顶、十字脊顶等，也有不带脊的卷棚顶和元宝脊，以及组合形的构连搭、重檐和多重檐。此外，还有一些特殊的重檐屋顶形式，如天圆地方和上层檐四角下层檐八角等形式。亭顶所用之材料，也是多种多

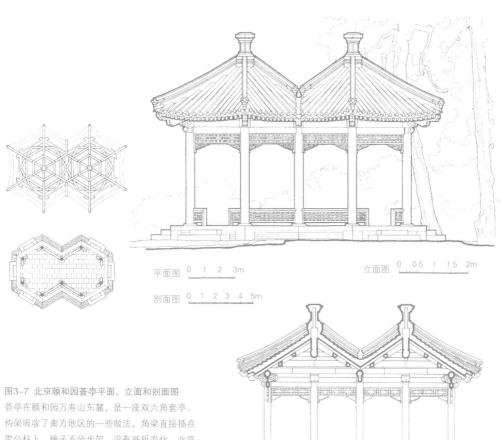

平面图　0　1　2　3m

立面图　0　0.5　1　1.5　2m

剖面图　0　1　2　3　4　5m

图3-7　北京颐和园荟亭平面、立面和剖面图
荟亭在颐和园万寿山东麓，是一座双六角套亭。
构架吸收了南方地区的一些做法，角梁直接插在
雷公柱上，椽子不分步架，没有举折变化。此亭
无论是构件断面构造做法，还是造型形式，均超
越了一般官式做法的程式，非常别致。

样，除了广为应用的"琉璃活"和"黑活"以外，还有追求幽情野趣的茅草顶、片石顶和树皮顶等。总之，亭的屋顶形式不但已将中国古典建筑的各种屋顶形式全部包罗其中，而且还创造了一些较为罕见的屋顶形式。

亭的造型之灵活在其他类型的建筑中也是极为少见的。同样的平面形态与不同形式的屋顶相结合，可创造出多种造型效果，而两种以上的亭的相互组合，又能给人以不同的视觉感受。以方亭为例，最常见的方亭，是攒尖顶的形式，但也可做成歇山顶、悬山顶、十字脊、盝顶等多种形式；有单檐的，也有重檐和多重檐的；有单层的，也有两层或是三层的；甚至还可以组合成各种复合形式的亭或各种亭组等。它不但在单体造型上追求变化，而且还可运用组合亭加强空间体量，丰富形体轮廓，真可谓"殚土木之功，穷造型之巧"。

此外，筑亭所选用的材料，在很多情况下，也对亭的造型有着很大的影响，予人以不同的视觉感受。由于各种材料性能之间的差异，因此不同材料建造的亭，如木亭、砖亭、石亭、竹亭、茅亭和铜亭等，便都各自带有十分明显的不同个性，而同时，这些不同的建筑材料也为丰富亭的造型提供了更大的创作空间。

四、适应环境广　随遇安其常

图4-1 山东长清灵岩寺方山一览亭
亭在灵岩寺方山支脉峰巅，视野广阔旷达，登临其上有"孤亭一目尽天涯"之感，既点染山巅加强景观魅力，又可借山林云雾造成缥缈虚幻的景观气氛。

计成在《园冶》中说："花间隐榭，水际安亭，斯园林而得致者。惟榭只隐花间，亭胡拘水际？通泉竹里，按景山巅，或翠筠茂密之阿，苍松蟠郁之麓；或借濠濮之上，入想观鱼；倘支沧浪之中，非歌濯足。亭安有式，基立无凭。"可见亭是一种灵活多变，适应性极强的建筑。但是，无论亭是建在山巅，还是筑水畔或是道旁，其经营意匠讲究的都是借景成亭，得景随形。要合宜而立，得自然之势，成天然之趣。正如清代名士施润章所言："山水之有亭榭，犹人之高冠长佩也，在补其不足，不得掩其有余。"

山上建亭宜于眺望，尤其是山巅山脊，视野开阔旷达，同时还可构成优美的天际线。在

图4-2 北京故宫耸秀亭

耸秀亭在故宫乾隆花园第三进庭院的假山之
巅，方形攒尖顶。耸秀亭在狭小的庭院中为人
们提供了一个山石景物的重心所在，强化了园
林意境，使山石景物臻于画境。

适应环境广 随遇安其常

⊗ 筑境 中国精致建筑100

图4-3 江苏苏州西园湖心亭
湖心亭位于西园内放生池的
中央，有曲桥贯通两岸。亭
重檐六角，构筑精巧，屹立
于水中，倒影波光，相互交
织，意趣盎然。

自然风景区中，山高峰奇，云兴霞蔚，若借高
山幻景，纳四时烂漫，如日出、日落、云海、
霞光等，便会构成它处所少见的奇幻景观，是
设亭观景的最佳处所。像九华山天台峰的捧日
亭，是观云海日出的佳境，可观十五峰日出的
磅礴气势，名曰"天台晓日"。泰山天柱峰顶
西面有望河亭，每至晚霞西映，山亭火红，其
上可观"黄河金带"和"云海玉盘"。山上建
亭，还可以进一步强化山体的轮廓特征，补其
不足之处，增加天际的变化，以取得良好的峰
峦景致，北京的景山五亭就是最为典型的实例
之一。

在园林中，山石水池都是自然山川的摹
写，所以山上建亭，不但丰富了山的轮廓，而
且使山石有了生气，为人们观赏山景提供了合
宜的尺度，同时在园林空间构图上还常常起着
控制制高点的作用，从而形成山石景物的重心
所在。在一些较为狭小的庭院空间中堆山建

图4-4 上海松江醉白池方亭/上图

醉白池方亭建于莲池之畔，四角攒尖凸出水
中，静影沉于碧水之中。正是"小沼才阶下，
孤亭恰水边，揣摩一玉镜，上下两重天"。

图4-5 江苏扬州寄啸山庄水心亭/下图

水心亭位于寄啸山庄中部的水池之中，正面是
假山，其余三面为两层的回廊所环绕，亭是空
间景物的焦点和趣味中心，在环境景观的构成
中，起着举足轻重的作用。

a

图4-6 福建厦门南普陀普照寺方亭及其平面、立面和剖面图

亭依石而建，内有一石洞，中供观音，佛香缭绕。亭柱用石，上部木构，琉璃屋顶，具有典型的福建沿海建筑特色。此亭建在南普陀的后山，对整个景区来说起着填补空白、延续余韵和使景观意趣连续不断的作用。

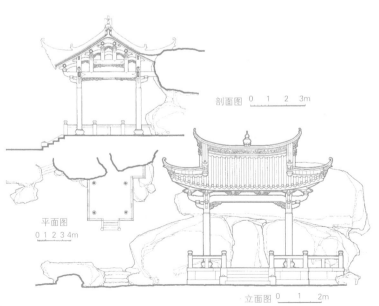

剖面图 0 1 2 3m

平面图 0 1 2 3 4m

立面图 0 1 2m

b

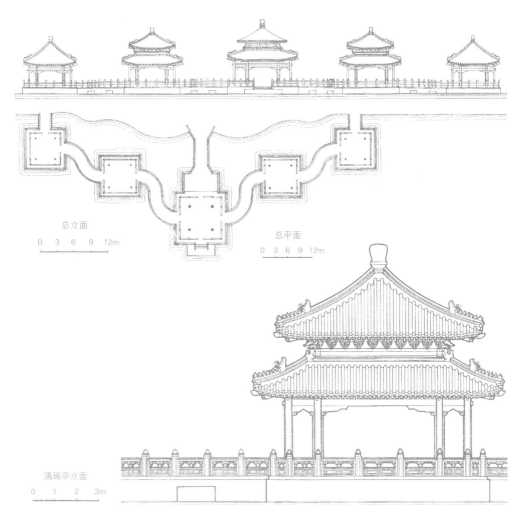

总立面

0　3　6　9　12m

总平面

0　3　6　9　12m

涌瑞亭立面

0　1　2　3m

**图4-7 北京北海五龙亭测绘图**

五龙亭位于北海北岸，建于清顺治八年（1651年），又名天地亭。中间的龙泽亭按天圆地方修造，内设盘龙藻井，是皇帝乘凉垂钓的地方。五座龙亭间以曲桥相接，形成一亭组，点缀在北海之畔，远处望去绚丽多姿，金碧辉煌。

亭，则完全是出于造景的需要。如故宫乾隆花园中的耸秀亭和碧螺亭，御花园中的御景亭，扬州寄啸山庄的六角圆亭等。这些亭虽然也能登临休息，但更多的是出于构图要求，为人们提供一个景物中心，主要是作为被观赏的对象，其作用就是点染山石，强化园林意境，使之生动凝练而臻于画意。

水是风景园林构成中的重要元素，因此，水边常常建有亭榭。临水建亭大都借助水的特性创造环境气氛。水中可见浮光倒影，可观鱼荡舟，可濯足品茗。水亦潺潺湍流，或淙淙如说似诉，或叮咚如音似乐。水畔之亭即是充分结合这些特点，利用波光水影和水色水声去创造意境。

例如，北京北海的五龙亭位于太液池北岸，五座龙亭以曲桥相连点缀湖畔，亭影波光，绚丽多姿，既丰富了水面的层次感和观赏效果，又为游人提供了眺望湖面的驻足点。其他如扬州瘦西湖的吹台、颐和园的知春亭、苏州西园的湖心亭和拙政园中的荷风四面亭、杭州西湖的开网亭、潍坊十笏园中的四照亭等，都是临水建亭的佳例。

图4-8 山东潍坊十笏园四照亭平面、立面和剖面图/对面页
四照亭在潍坊十笏园中，位于园内湖心，有曲桥与岸边接通，是园中的主要景观建筑。平面呈长方形，屋顶的做法很特殊，青瓦三重压叠，有如汉代屋顶。亭出檐很小，斗栱只有半个，仅起装饰性作用。额题："浣霞"。楹联："望云惭高鸟，临水怨游鱼"。

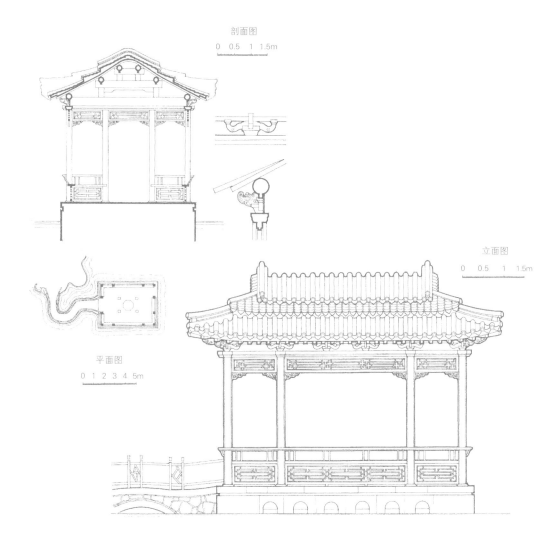

剖面图

0　0.5　1　1.5m

平面图

0 1 2 3 4 5m

立面图

0　0.5　1　1.5m

适应环境广 随遇安其常

筑境 中国精致建筑100

在园林中，为了丰富空间环境，供游人小憩，在路旁林荫之间亦常建有小亭。这类亭多建在繁花茂树之间，若隐若现，周围清流回环，奇石异草，浓荫拥翠，一派幽雅之趣。特别是如若建在较为偏僻的地方，还能起到填补空白，为全局增色的作用。故宫御花园中的玉翠、凝香二亭，乾隆花园中的撷秀亭，上海豫园中的听鹂亭，以及自然山水间散置的各种小亭等，都起着这种点缀和补白的作用。它们弥补了构图上的欠缺，使园林意趣连续不断，增加了环境景观的整体魅力。

五、标示与烘托　点景出神韵

亭的布置非常灵活。它不但可以点缀环境景观，而且还具有一定的标示性作用，在许多风景区和园林中的重要景点即是以亭作为主要标志的，在有些园林中还甚至以主景亭为园名，如苏州的沧浪亭、滁州的醉翁亭和嘉兴的落帆亭等。亭既为人们欣赏四时浪漫的景色提供了最佳观赏点，又为环境增色。可说是"亭借景扬名，景为亭增色"。

例如，广东黄埔的浴日亭，建于海滨附近的章丘岗上，这里水面辽阔，烟波浩渺，登亭远眺可见日出，为昔日羊城八景之一，名曰"扶胥浴日"。苏东坡曾登此亭并赋诗："剑气峥嵘夜插天，瑞光明灭到黄湾；坐看旸谷浮金晕，遥想钱塘涌雪山"描写此处的景观，浴日亭即成为此景之标志。安徽黄山西海的排云亭、北京中海的水云榭和湖北蒲圻赤壁山头的翼江亭等，也都是眺望景色和构成标志的点睛之笔。

图5-1 浙江杭州西湖天下景亭

西湖天下景亭在杭州西湖孤山，亭前一泓池水，四周古木掩映，林荫葱郁，幽静清雅，景致天成。亭在这里起着点景的作用，既点明主题又为空间环境增添了魅力。

图5-2 广东肇庆七星岩组亭

肇庆七星岩组亭由五座亭组成,建于星湖之中,
群亭依山映水,是为七星岩之标志,装点湖山,
使周围环境园林化,是颇富生机的点睛之作。

标示与烘托 点景出神韵

筑境 中国精致建筑100

**图5-3 江苏无锡惠山天下 第二泉亭**

无锡惠山天下第二泉建有
"二泉亭",亭为歇山顶,
壁间刊有名人题刻,将人们
的情感注入景物之中,深化
了泉的主题,与周围的碑碣
一起创出一种颇具文化内
涵的空间意境。

在一些名泉附近也常常筑亭以为标志,如
无锡惠山的天下第二泉建有"二泉亭",济南
的趵突泉建有观澜亭,河北遵化的汤泉建有转
杯亭,山西汾阳杏花村的"神井"上建有申明
亭。这些泉亭不但起到了标示性的作用,而且
使环境园林化,赋予了更多的文化内容。

这种点景之亭作为区域空间内的趣味中
心,有着"点景"和"观景"的双重作用。即
从亭内外望,要有景可观;而从外望亭,又要
能起到点缀和渲染环境景观的作用。

北京北海静心斋中的枕峦亭是这方面的
典型实例。静心斋的主庭院中有大面积堆叠巧
妙的山石,西部一峰突起,枕峦亭耸立于上,
八面玲珑,被乾隆誉为"莲朵珠宫"。亭与山
石水池构成了一幅绝妙的山水画面,是全园的
主要景观之一。所以修建了"罨画轩"和"画
峰室"两座建筑来专门欣赏这幅"名画"。于

图5-4 安徽歙县唐模村
水口亭/上图

水口亭在唐模村东口，平
面正方形，两层重檐三滴
水歇山顶，屋顶做法十分
别致，是昔日旧有檀干园
之遗物，由于亭位于进村
大道之旁，很远即可望
见，是村口之标志。

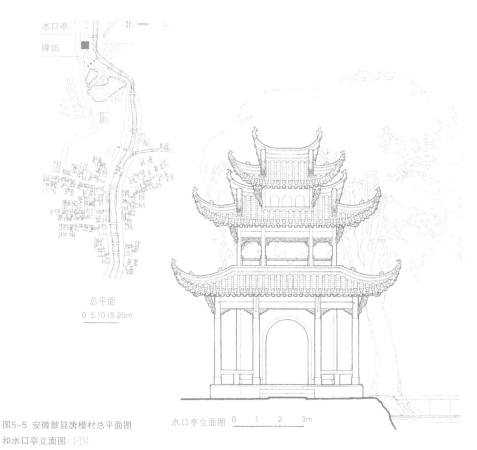

水口亭

牌坊

北

溪

总平面

0 5 10 15 20m

水口亭立面图　0　1　2　3m

图5-5 安徽歙县唐模村总平面图
和水口亭立面图/下图

051

**图5-6 陕西华山玉泉院角亭**
该亭建于玉泉院游廊的转折处。亭与廊的结合十分常见，且多位于转折处，起着丰富建筑造型和活跃空间气氛的作用。

**图5-7 江西湖口石钟山泛舟岩亭**/对面页
泛舟岩亭位于石钟山湖滨，是沿湖滨设置的景亭之一。石钟山沿湖布置了十座景亭，在空间上丰富了湖滨景色，同时也标明了景区的限界，是利用构亭组织景区空间的佳例。

亭中环顾，四面景色袭人：东面小桥环廊，水声潺潺；北面山石嶙峋，轩廊叠翠；西面梵天境借景园中；而南面琼岛春荫尽收眼底，令人心旷神怡。此外，从周围观赏枕峦亭，不但可以获得几个固定的优美画面，而且在走动中随着观赏路线的起伏、曲折，还能够欣赏到层出不穷的不同角度的美妙景象，使人感到层次多变、意趣无穷。

在自然风景区中，风景点多，较为分散，为将众多的风景点串联起来，便常常因地制宜地建造一些小亭，以便游人中途歇憩，同时也对游览的路线加以引导和暗示，这也是亭的妙用。昆明金殿一、二、三天门前的小亭、四川青城山山道上的茅亭和道教圣地齐云山香道上的香亭等，就是起着这种标示和引导的作用。这些标示性的小亭在主要的景点之间穿插点缀，将散乱无章的自然环境加以人工创造，组成节奏明晰的景观序列，使较为平淡的自然环境，上升成为园林艺术

化的观赏空间。在整个风景环境构成中，起着加强节奏，铺垫烘托，承上启下，使各景点的景观意趣一脉相通的作用。

此外，为了加强和表明景区的限界，也往往以亭为标志，来控制景区的空间范围。承德避暑山庄就是用亭来控制景区空间的成功实例之一。避暑山庄三面环山，远峰近峦皆为借景。康熙时在四周山巅之上建了"北枕双峰"、"南山积雪"、"锤峰落照"和"四面云山"四个亭子，在空间上把全园的景物控制在一个交叉视线的界限之中。而湖区的西岸和北部，又沿湖灵活地布置了方形、矩形、十字形、八角形等景亭数个，形成湖滨的背景，这样就又控制了一个比前者范围要小的湖区界限，加强了湖区的空间视觉效果。北京颐和园昆明湖西堤的桥亭和南堤的不同形式的小亭，以及江西石钟山四周沿江而建的景亭等也都是利用筑亭组织景区空间界限的佳例。

六、清醇重质朴　华美补余情

明人程羽文在《清闲供》中提出了"亭欲朴"的创作思想以后，"造乎自然"便几乎成了建亭所必须遵从的原则。然而如若仔细地观察一番便会发现，并不是所有的亭都受到此思想的制约，相反，许多亭都不惜工本地讲究豪华。事实上，无论是追求"华丽"还是崇尚"质朴"都不过是两种建亭风格而已，一是"错彩镂金"的瑰丽的美，一是"清水芙蓉"的典雅的美，都在随其所处环境场所的不同而发挥着不同的效用。

朱柱、黄琉璃顶的亭，在大自然中能激起人的兴奋情绪，产生"万绿丛中一点红"的美感。像北京北海的五龙亭、颐和园的画中游和中海的水云榭等，其点景和壮观的作用是很难由追求天趣的茅亭所代替的。故宫御花园内的碧螺亭，平面呈五瓣形仿梅花之意。楣子和座凳栏板两侧以及天花等都雕饰着精美的梅花图案，额枋上的彩画也是海墁式的点金加彩折枝梅花，琉璃宝顶以翡翠绿的仰覆莲衬孔雀蓝地的白花冰震梅枝，整座亭犹如一件雕镂精致的工艺品。在山西、陕西等地，亭的装饰性构件亦颇为丰富，尤其是脊饰和内部梁架的做法，几乎是作为艺术品去完成的。在江南一带，许多亭也是竭尽所能地讲求精致，而福建、广东等地亭的脊饰就更加精彩了。它融砖雕、石刻、嵌瓦、陶塑于一炉，精雕细刻，色泽鲜艳，给人以雍容华丽之感。而对于这种铺锦列秀的做法，还每每有人称道赞叹不已。然而，"人工亟者，损其天然"（袁中道《名岳

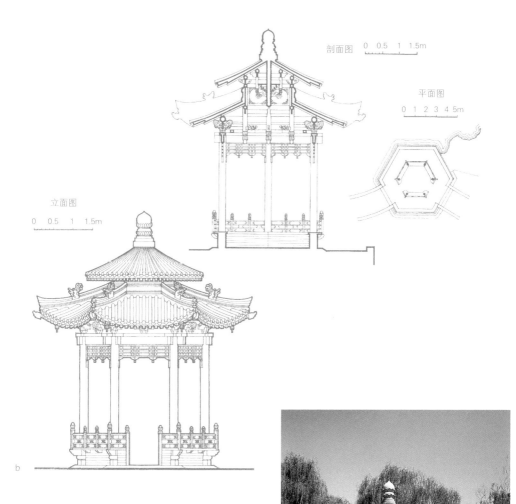

图6-1 陕西临潼华清池晚霞亭及其平面、立面和剖面图

晚霞亭六角形平面，重檐攒尖，上层圆形，下层六角形，奇巧秀丽，非常罕见。亭顶内部的处理亦很考究，用垂莲柱、穿枋组成框架，支撑上檐，并形成类似藻井一类的结构，十分华丽。

剖面图　0　0.5　1　1.5m

平面图　0　1　2　3　4　5m

立面图　0　0.5　1　1.5m

a

筑境 中国精致建筑100

图6-2 北京故宫乾隆花园碧螺亭及其平面、立面和剖面图。

碧螺亭平面呈五瓣形，重檐顶每层用五条脊寓意五瓣梅花，楣子、坐凳两侧以及天花都刻着精美的梅花图案，额枋上的彩画和琉璃宝顶也都用梅花图案，整座亭如同一件工艺品，故俗称梅花亭。

图6-3 四川青城山茅亭/对面页

青城山的山路旁建有众多的茅亭，均以原木为柱，枯枝做栏，树皮盖顶，与清幽的环境十分和谐。如同欧阳修诗中描写："空林无人鸟声乐，古木参天枝屈蟠。下有怪石横树间，烟埋草没苔藓斑。"

平面图　0　1　2　3m

立面图

0　0.5　1m

剖面图　0　0.5　1　1.5m

b

记》）。精巧之极，富丽之至，则不免会有繁
芜造作之态。

　　用天然材料略加修整而建造的亭，令人有
"清水出芙蓉"之感。比如垒石为柱，剖竹为
瓦等用地方材料建造的亭，易于和大自然的旋
律合拍，富有田园野趣和诗情画意；也与文人
士大夫追求淡泊、清逸、风雅与清高的心性相
吻合。所以历代达官显贵和文人墨客便都在自
己的宅园中修建了大量的竹亭、茅亭，甚至连
不惜工本兴建的皇家禁苑中也建有许多草亭，
以寻求"造乎自然"的清丽雅趣。

　　四川青城山的茅亭就是"肇于自然"，
又"造乎自然"的著名例子。青城山以幽名天
下，峰峦重叠，林壑幽深，松篁交翠，浓荫满
地，山路中点缀着一系列的茅亭。这些茅亭多
取杉木为柱，以树皮盖顶，抑或依树而建，就
其干为柱，以根为凳，用枯枝古藤装栏杆，极

图6-4　陕西西安化觉巷清
真寺凤凰亭藻井
陕西等地的亭，比较讲究内
部梁架的装饰性，凤凰亭就
是其中典型的一例。凤凰亭
利用梁架结构构造上的特
点，做有垂莲柱等装饰，集
结构与艺术于一身，形成了
一种藻井式的装饰效果。

图6-5 北京北海龙泽亭藻井

龙泽亭的屋顶为天圆地方式重檐结构，由于该亭为
皇宫御苑中物，故等级颇高，用绿琉璃黄剪边，内
部上层重檐处做镏金盘龙藻井，十分华丽。

具天趣，与清幽的山林景色融为一体，颇具生机勃发的气韵。而且遇雨时，滴水不漏，天晴则洒下点点甘霖，为青城山平添了几分幽雅之趣。其他如浙江绍兴沈园的竹亭、四川新都桂湖的重檐草亭、江苏扬州萃园的六角茅亭、山东潍坊十笏园的小沧浪茅亭，以及北京北海、颐和园等处的以片石覆顶、原木为柱的小亭等，也都是颇具匠心的佳作。它们在特定的景观环境中，情趣盎然，风格迥异，给人以质朴天然的美感，深得"亭欲朴"之神韵。

图6-6 浙江普陀山普济寺水心亭

水心亭建在普济寺前，由于它是寺院的一部分，故此墙壁用黄色，屋顶用琉璃剪边。在四周青山绿水的映衬之下，显得非常醒目，有着很强的点景和壮观的作用。

七、江山无限景　皆聚一亭中

图7-1 北京颐和园画中游
画中游在万寿山的西部，
登亭眺望，昆明湖、石舫
及玉泉山等处景物尽收眼
底，周围风光如画，人在
其中有置身画内之感。

亭作为一种景观建筑，常常充当空间环境的主体，构成景物视觉的中心，让人们从各个方向来欣赏。但是它又不是一个实体，而且四面空灵，更多地强调其虚空的内部与周围空间环境之间的联系，所以具有"点景"和"观景"的双重作用。

颐和园中有一组亭，叫画中游，由三座两层的亭和游廊、叠石所组成，顺应地形的起伏变化高低错落，造型丰富生动。但是，这并不是说亭子本身如画，而是说四周的景物环境如画，来到亭内，就如同走进画幅之中，作画中之游。对于这种空间环境美，姚鼐在《岘亭记》中有过这样的描述："寒暑阳霁，山林云雾，其状万变，皆为兹亭所有。"这就说明，亭的妙处并不完全在于它的建筑造型之精，而更重要的还在于它能集四周景物之胜，形成一种与周围景物交融呼应的空间环境。所以乾隆皇帝在圆明园多次游赏园亭之后便由衷地发出

图7-2 江苏苏州虎丘二仙亭及其平面、立面
和剖面图

虎丘的二仙亭，前有生公石，后有剑池，四周
景物幽雅，是虎丘胜境之一。二仙亭不仅点染
环境，联络周围的景物，而且以空间环境主体
的形式出现，是此间景物的趣味中心。

a

剖面图
0 0.5 1 1.5m

平面图
0 1 2 3m

b        立面图  0 0.5 1 1.5m

图7-3 浙江杭州西湖小瀛洲
杭州西湖小瀛洲以开网亭亭
亭亭（原名"百寿亭"，
后改"亭亭亭"。据说取自
明代聂大年"塔影亭亭引碧
流"的诗句）等组织成变化
丰富的水面景观，控制周围
环境，活跃空间气氛，形成
了亭与四周环境景物交相呼
应的空间效果。

了"四柱虚亭不设棂，天容寥廓水清泠；适然俯仰得佳会，回绝寻常色与形"（《昭旷亭》）的感慨，道出亭的妙处所在。

袁枚在《峡江寺飞泉亭记》中也谈到了这种内外空间交相流动的环境气氛所给人的感受。他说："瀑旁有室，即飞泉亭也。纵横丈余，八窗明净，闭窗瀑闻，开窗瀑至。人可坐，可卧，可箕踞，可偃仰，可放笔研，可瀹茗置饮。以人之逸，待水之劳，取九天银河，置几席间作玩。当时建此亭者，其仙乎？僧澄波善弈，余命霞裳与之对枰。于是水声、棋声、松声、鸟声，参错并奏。"瀑布是自然景色，水声、松声、鸟声乃周围环境，而飞泉亭则在其间创造了一个适于休憩的内部空间。由于亭所具有的虚空特征，可使内外空间景物交相呼应，故此才产生了无穷的意味。相反，若没有这种空间交流，或只是孤亭，或仅仅是瀑布，其乐趣都会大为逊色。因此，袁枚认为：

图7-4 山东泰山云步桥观瀑亭

云步桥观瀑亭，既是登山小憩的休息之处，又
是观赏瀑布的好地方。它与云步桥及瀑布一起
构成了山间景点，而观瀑亭也就自然成了周围
景物交相呼应的纽带。

a

"他若匡庐，若罗浮，若青田之石门，瀑未尝不奇，而游者皆暴日中，踞危岩，不得从容以观，如倾盖交，虽欢易别。"

在这里，亭是作为人与自然之间的媒介而存在的。所以说，亭不仅仅是一种融于无限空间之中的有限空间，也不只是四周环境景观交相呼应的纽带，而是一种沟通自然景物和人的内心感受的中介空间。亭在为人们观赏自然景物提供了立足点的同时，还使人们得以通过这一媒介，去用心灵来观察空间万象，令人心随物游，与天地神交。所以清代名画家戴熙才说："群山郁苍，群木荟蔚，空亭翼然，吐纳云气"（《习古斋诗文集》）。他已把一座空亭，看成了山川灵气吐纳和精神凝聚的交点。而苏东坡则在《涵虚亭》一诗中写道："唯有此亭无一物，坐观万象得天全。"陆放翁更在《叶相最高亭》一诗中咏出了："高亭新筑冠鳌峰，眼力超然信不同。肤寸油云泽天下，大

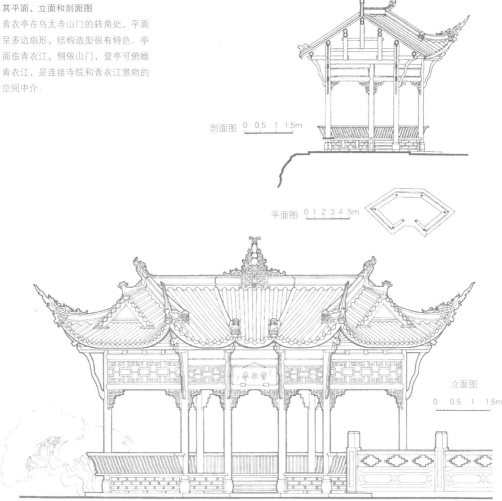

图7-5a,b 四川乐山乌尤寺青衣亭及其平面、立面和剖面图

青衣亭在乌尤寺山门的转角处,平面呈多边扇形,结构造型很有特色。亭面临青衣江,侧依山门,登亭可俯瞰青衣江,是连接寺院和青衣江景物的空间中介。

剖面图 0 0.5 1 1.5m

平面图 0 1 2 3 4 5m

立面图 0 0.5 1 1.5m

b

江山无限景 皆聚一亭中

筑境 中国精致建筑100

图7-6 四川灌县都江堰离
堆怀古亭
怀古亭建于伏龙观的玉皇楼
前，用短廊与玉皇楼相连，
形成一座颇为壮观的建筑。
怀古亭地处离堆宝瓶口处，
是空间环境的景物中心。

千法界纳胸中"这样极富浪漫色彩的诗句。表
现出万物皆备于我的俊伟景象，充分体现了那
种网罗天地于亭内，吸引山川在胸怀的空间审
美意识。

八、积千载韵事　致万古风流

亭发展到今天，观赏性早已远远超过了实用要求，有着不容忽视的文化审美价值。它的文化因素在某些情况下，已直接关系到它在人们心目中的形象，特别是那些历史名亭，它们的文化审美价值多已超过了建筑物本身，成了中国文化的一种特殊载体。所以，亭不仅仅是一种具有造型美的建筑，同时，它还包含着深刻的文化内容。

安徽滁州的醉翁亭就是以其丰富的文化内涵而闻名遐迩的。醉翁亭最初只是一座不知名的小亭，自从欧阳修写了《醉翁亭记》以后，声名日隆，真是文因亭立，亭以文传。当时的太常博士沈遵便慕名而来，观赏之余创作了琴曲《醉翁吟》，欧阳修亲为配词。其后文人墨客、达官显贵便纷纷前来探幽寻古，题诗刻石。王安石、曾巩、宋濂、文徵明、李梦阳、王世贞等均在此留下了足迹，并作有诗文以记其胜。欧阳修的学生苏轼还特地书写了《醉翁亭记》的全文，刊石于此，字字遒劲跌宕，是难得的书法艺术精品。这种文化的逐渐积累，使醉翁亭的建筑也发生了很大的变化。从最初的一座孤亭，到北宋末年，知州唐恪在其旁建"同醉亭"，至明代，建筑物已发展到了"数百柱"，有清以来更形成了一处以亭为主题的园林胜地。而此间亭中所包含的文化内容，也似乎已经超然于周围的自然景物之上了，所以有人说："滁之山水得欧公之文而愈光。"

图8-1 安徽滁州醉翁亭及其平面、
立面和剖面图

醉翁亭因《醉翁亭记》而闻名，历代
文人墨客都常来此寻古探幽，明人王
世贞游醉翁亭后曾叹道："古往今来
知几年，醉翁耿耿名姓传。……我欲
亭下渔且田，曰卧醉翁文字边。"

a

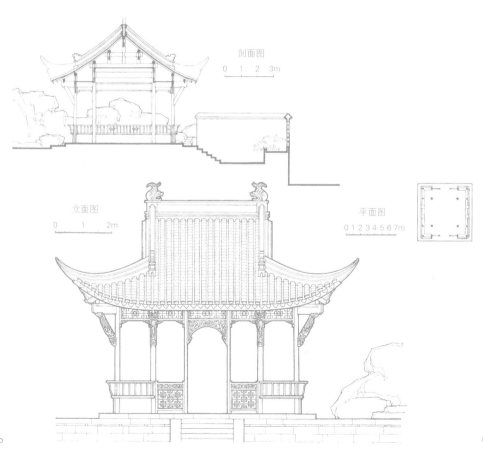

剖面图

0 1 2 3m

立面图

0 1 2m

平面图

0 1 2 3 4 5 6 7m

b

a

图8-2a,b 江苏苏州沧浪亭及其平面、立面和剖面图

沧浪亭始建于宋，复筑于明，清康熙时大修。亭名典出《孟子》，寓意隐逸遁世，出淤泥而不染。联题"清风明月本无价，近水远山皆有情"。既点出景境特色，又反映出亭主的品行和学问，给人以旷达出世之感。

绍兴的兰亭也是如此。只因王羲之在此写下了著名的《兰亭集序》，故而名传后世尽人皆知。而此间建筑的审美价值也好像全部体现在那与书法艺术相联系的文脉典故之中了。

湖北巴东的秋风亭为寇准任巴东县令时所建，陆游曾两次登临此亭，并留有"寇公壮岁范巴蛮，得意孤亭缥缈间；常依曲栏贪看水，不安四壁怕遮山；遗民虽尽犹能说，老令初来亦爱闲；正使官清贫至骨，未妨留客听潺潺"的诗句。由于人们深感寇准的政绩恩德，便纷纷为亭赋诗、立碑，进而编出许多传说轶事，以致到了后来，每届新任县令在授印之前都要先居于此亭，待原知县办好移交手续后再去上任，无形之中又为此亭添了几分神奇色彩，加强了艺术感染力。

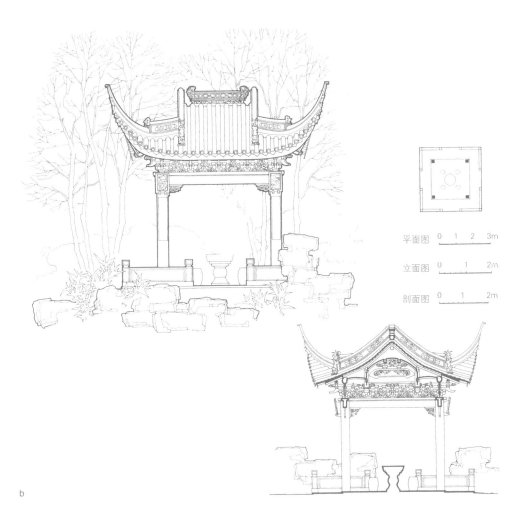

平面图　0　1　2　3m

立面图　0　1　2m

剖面图　0　1　2m

b

积千载韵事 致万古风流

筑境 中国精致建筑100

**图8-3 安徽合肥包公祠廉泉亭**

廉泉亭在包公祠内，是一座六角井亭，正面三
间开敞，背面设墙，亭内吊顶中央有下悬龙头
正对井口。传说贪官若饮井中之水就会头痛，
故称此井为"廉泉"。

a

图8-4 浙江绍兴右军祠墨华亭及其平面、立面
和剖面图

墨华亭是兰亭园林建筑群中的一座亭。只因王
羲之写了著名的《兰亭集序》，千百年来兰亭
已成为一处文墨与景致珠联璧合的名胜古迹，
早先的一座纪念性亭，也变成了一组建筑群中
的著名园林小品了。

剖面图

0 0.5 1 1.5m

立面图

0 0.5 1 1.5m

平面图

0 1 2 3m

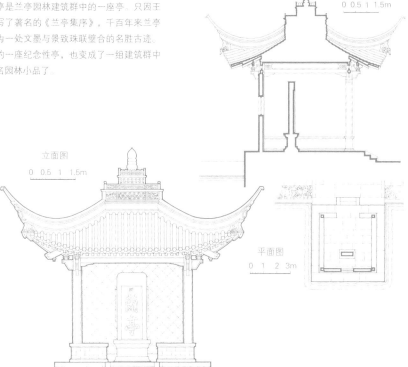

b

a

图8-5a,b 山东曲阜孔庙杏
坛方亭及其立面图
杏坛方亭典出《庄子》，
"孔子游乎缁帷之林，坐休
乎杏坛之上，弟子读书，孔
子弦歌鼓琴。"金代为纪念
此事在宋时所造杏坛之上建
了一座单檐歇山亭，明隆庆
三年（1569年）时改建成
现在的重檐十字脊方亭。

杭州孤山北麓的放鹤亭，是为纪念宋代隐
逸诗人林和靖而建的。林和靖居孤山二十年，
种梅养鹤，有"梅妻鹤子"之说，至今传为美
谈。亭壁嵌有康熙临董其昌书写的《舞鹤赋》
石刻，亭外是一片梅林。由于林和靖的"疏影
横斜水清浅，暗香浮动月黄昏"的咏梅名句流
传很广，所以这里一直被辟为赏梅胜地，以此
来作为对诗人的纪念。

正是由于亭的这种文化特征，所以古代
的文学、艺术家们就都与亭结下了不解之缘。
他们不但画亭、咏亭，而且还为亭题上寓意深
刻的亭名和楹联，启发游人的想象力，深化人
们对景物的理解，从而使人领悟和认识到比感
官的愉悦更多的内在美。同时，也使人从感性
的视觉欣赏，上升为一种具有丰富社会内容的
理性的审美态度。这些亭的楹联、题名、咏亭
诗文和有关的名人轶事等；不仅起着点明景物
的作用，而且还创造和渲染了一种文化艺术氛

b

立面图　0　1　2　3m

**图8-6 山西洪洞霍泉分水亭**

该亭建于霍泉之源，由碑亭和分水亭组成，分水亭近似桥
亭，其下用铁柱分隔成十孔，是当年洪洞和赵城两县分水的
交界处，水孔南三北七，实测流量相近，是古代解决用水纠
纷的著名遗迹。

围，使人流连忘返，让人们在游览之余，得到
一种综合性的文化艺术享受。也正因为如此，
久而久之，便形成了一种文化积淀，构成亭所
特有的文化内涵，而使亭更加富有魅力。

九、寄情于景物　意匠苦经营

中国的亭

寄情于景物 意匠苦经营

◎筑境 中国精致建筑100

中国常常把意境作为艺术创造的中心，亭也是如此，也同样为了追求"寓情于景，情景交融"的境界。因此亭的建造就非常讲究意境的处理，它是通过对自然景物的艺术加工和其本身的文化内涵来激发观赏者丰富的想象和联想，引导观赏者进行艺术再创造，含而不露地把人引入一种在直接可感的形象之外的富于想象的艺术境界。

**图9-1 江苏苏州网师园月到风来亭**
月到风来亭又名待月亭，取唐代文学家韩愈"晚年将秋至，长风送月来"之句而得名。追求"月到天心，风来水面"的意境，是秋夜赏月的理想所在。

**图9-2 四川峨眉山洗心亭/对面页**
洗心亭建在清音阁前的牛心石上，两旁有两股溪水汇流于此，得"黑白二水洗牛心"之誉。有诗赞曰："杰然小亭出清音，仿佛仙人下抚琴；试向双桥一倾耳，无情两水洗牛心。"

寄情于景物 意匠苦经营

筑境 中国精致建筑100

**图9-3 江苏苏州狮子林真趣亭**

真趣亭取意"忘机得真趣，怀古生远思"，以表现亭主陶然于自然的闲适心性，亭中悬乾隆御笔额题以点明主题。

承德避暑山庄中有一临水小亭，名曰"濠濮间想"是康熙三十六景之一。取材于《世说新语》中的南朝梁简文帝入华林园时的一段议论："会心处不必在远，翳然林水，便自有濠濮间想，觉鸟兽禽鱼，自来亲人。"亭四周嘉树芳草，亭前碧波荡漾，水中有鱼，林中有鸟，丛中有鹿，这样的环境与亭名的典故联系起来，典故中所包含的那种物我交融、全性葆真、超脱世俗、归复自然的思想，便会使人进入更深一层的艺术境界。

在这里，亭的这种情景交融的境界，是通过题名揭示出来的。因此亭的匾额、题咏、楹联、碑碣和铭记等，就成了点染主题、强化意境的重要艺术手段。正如曹雪芹在《红楼梦》中借贾政之口所说的"偌大景致，若干亭榭，无字标题，任是花柳山水，也断不能生色。"

图9-4 北京白云观小蓬莱
妙香亭及其侧立面和剖面图
此亭为一殿一卷勾连搭结
构，建在假山之巅，四周古
木参天。每逢阴雨时节，白
云密布，山林寂影，亭时隐
时现于云雾之中，宛如仙境
胜地，故被人称作小蓬莱。

a

剖面图

0    0.5    1    1.5m

侧立面图

0    0.5    1    1.5m

b

图9-5 河北承德避暑山庄水心榭/前页
水心榭是避暑山庄乾隆三十六景中的第八景，是一组亭、桥、闸相结合的建筑。水心榭空凌水面，倒影垂波，四望皆成画境，有"飞角高骞，虚檐洞朗，上下天光，影落空际"的诗意。

苏州狮子林中的真趣亭，其匾额是乾隆皇帝的御笔钦题，寓意"忘机得真趣，怀古生远思"。北京中海的水云榭，中立"太液秋风"石碑一块，点出荷花四漫，云光映水的情景。拙政园中的待霜亭四周遍植橘树，取唐人韦应物"洞庭须待满林霜"的诗句命名，充满诗情画意。即使树上无橘，但看到匾额和四周的橘树，大概也会使人感到橘红时那鲜艳的色泽和芬芳。在这里，亭与景和情已浑然一体，使人由视觉的欣赏，升华为情感的交流，并进而派生出高于自然的"霜降橘始红"的理想景色。

在中国，建亭往往就是为了追求这种物我交融的情感升华。亭不仅与周围的自然环境融为一体，相映生辉，而且讲究建亭的立意，创造了许多高于自然的理想美，及"月到风来"、"雪香云蔚"、"四面云山"、"珑山吐月"等发人联想的艺术效果和令人心醉的理

图9-6 北京中海水云榭
水云榭是燕京八景之一，这里云光映水，亭如出水之莲，碧带环绕，亭中有"太液秋风"石碑一块。乾隆曾赋诗云："云无心出岫，水不舍长流；云水相连处，苍茫数点鸥。"

想景色。使人在细腻的官能感受和情感色彩的捕捉追求之中，达到情感升华。

这种物我交融的情感升华，是观赏者在凝神观照的欣赏过程中，将感觉、思考、联想、想象和生活经验等充分调动起来，对特定情境的深远内涵，进行反复体验和玩味后而得到的一种虚幻的、却更加具有魅力的"意境"。其时景物形象已成为观赏者心迹的物化，它以有形的景物表现无形的想象，以实景表现虚境，从而让人心驰神往，浮想联翩，并进一步使人对整个人生历史和宇宙产生一种富有哲理的感受和领悟。

王羲之在《兰亭集序》中写道："此地有崇山峻岭，茂林修竹，又有清流激湍，映带左右……仰观宇宙之大，俯察品类之盛，所以游目骋怀，足以极视听之娱，信可乐也"，点出了兰亭的景境，而紧接着他就指出，这其中包含着一种深刻的人生感和历史感。"固知一死生为虚诞，齐彭殇为妄作，后之视今，亦犹今之视昔，悲夫"！

这种情感是广阔的意境所产生的意识升华，让诗人有"天高地迥，觉宇宙之无穷；兴尽悲来，识盈虚之有数"的人生顿悟。而基于这种心灵的感悟，亭也就成了登临抒怀和慷慨壮歌的胜地。谢灵运在游永嘉南亭时即叹道："我志谁与亮，赏心唯良知"（《游南亭》）。辛弃疾在登建康赏心亭时写下了《水龙吟》一词，借以抒发个人的怀抱。南宋诗人汪元量在浙江亭上更咏出"英雄聚散栏杆外，今古兴亡欸乃间。一曲尊前空击剑，西风白发泪斑斑"(《浙江亭和韵》)的诗句。

总之，中国的亭是将外界的自然景物引入亭内，使入从客观的景物观赏进入主观的艺术意境，以达到物我交融的情感升华，并进而使人对周围的景物、历史和人生产生一种富于哲理性的感受和领悟，而反过来，这些又逐渐地形成了一种文化的积累，使亭更添风采。所以亭之美，并不仅仅是建筑造型之美，而是空间环境的美，意境的美和文化的美。

# 大事年表

| 朝代 | 年号 | 公元纪年 | 大事记 |
|---|---|---|---|
| 周 | | 前1066—前221年 | 始有"亭"字，亭为边防小堡垒 |
| 秦 | 始皇帝二十六年 | 前221年 | 以亭为基层行政单位及亭邮制度开始确立 |
| 汉 | | 前206—220年 | 亭障、亭燧制度逐渐完备 |
| | | | 行政治所的亭与亭邮制度得到了进一步推广和完善 |
| | | | 街亭、市亭、旗亭、都亭等建筑出现 |
| 晋 | 穆帝永和九年 | 353年 | 王羲之作《兰亭集序》 |
| | | 265—439年 | 观赏性的亭开始出现 |
| 南北朝 | | 420—589年 | 华林园中建有"临涧亭"，在园林中出现了作为景观建筑的亭 |
| 隋 | | 581—618年 | 西苑中建有逍遥亭，结构之丽，冠绝今古 |
| | 德宗贞元年间 | 785—805年 | 韩愈作《燕春亭记》 |
| | | | 兴庆宫中的沉香亭开以亭作园林主景之先河 |
| 唐 | | 618—907年 | 私家宅园中开始竞相筑亭 |
| | | | 长安禁苑中的"临渭亭"为有关流杯亭的最早记载 |
| | | | 湖北黄梅的"鲁班亭"为现存最早的石亭 |
| 宋 | 宋太祖建隆四年 | 963年 | 闽南同安太师桥石亭是现存最早的桥亭 |
| | | 1000年前后 | 敦煌老君堂慈氏亭阁塔为现存最早的木构亭 |
| | 宋仁宗庆历六年 | 1046年 | 欧阳修作《醉翁亭记》和《丰乐亭记》 |

| 朝代 | 年号 | 公元纪年 | 大事记 |
|---|---|---|---|
| 宋 | 哲宗绍圣四年—元符三年 | 1097—1100年 | 李诫编修《营造法式》，其中专门列入有关亭榭做法的内容 |
| 金 | 章宗明昌六年 | 1195年 | 曲阜孔庙的金代碑亭是现存最早的碑亭 |
| 元 | 世祖至元二十年 | 1283年 | 山西临汾的牛王庙戏台是现存最早的乐亭 |
| 明 | 代宗景泰七年 | 1456年 | 重建安徽歙县西溪南绿绕亭 |
| | 世宗嘉靖三十一年 | 1552年 | 始建杭州西湖湖心亭 |
| | 世宗嘉靖三十八年 | 1559年 | 建江苏扬州四望亭 |
| | 世宗嘉靖年间 | 1522—1566年 | 重建山西太原晋祠难老泉亭 |
| | | | 重建山东济南大明湖历下亭 |
| | 穆宗隆庆三年 | 1569年 | 曲阜孔庙杏坛方亭改建成重檐十字脊 |
| | 神宗万历四十三年 | 1615年 | 建山东泰山金阙，为现存最早的铜亭 |
| | 思宗崇祯四年 | 1631年 | 重建安徽太平太宇亭 |
| | 思宗崇祯七年 | 1634年 | 计成著《园冶》撰有关于亭榭意匠经营的内容 |
| | | | 程羽文撰写《清闲供》提出"亭欲朴"的思想 |

| 朝代 | 年号 | 公元纪年 | 大事记 |
|---|---|---|---|
| 清 | 世祖顺治八年 | 1651年 | 建北京北海五龙亭 |
| | 圣祖康熙三十五年 | 1696年 | 著名学者朱彝尊在浙江嘉兴建曝书亭 |
| | 圣祖康熙四十年 | 1701年 | 建云南勐海景真八角亭 |
| | 圣祖康熙年间 | 1662—1722年 | 重建苏州沧浪亭 |
| | 高宗乾隆十六年 | 1751年 | 建北京景山五亭 |
| | 高宗乾隆二十二年 | 1757年 | 建扬州瘦西湖五亭桥 |
| | 高宗乾隆五十三年 | 1788年 | 重修江西南昌水观音亭 |
| | 高宗乾隆五十七年 | 1792年 | 重建湖南长沙岳麓山爱晚亭 |
| | 宣宗道光二十八年 | 1848年 | 重建湖北黄陂纪念北宋理学家程颢、程颐的双凤亭 |
| | | | 建南京大钟亭 |
| | 德宗光绪年间 | 1875—1908年 | 内务府营造司编《各种亭子做法》 |
| | 宣统三年 | 1911年 | 建山西洪洞大槐树纪念亭 |

**图书在版编目（CIP）数据**

中国的亭 / 覃力撰文 / 摄影. —北京：中国建筑工业出版社，2013.10
（中国精致建筑100）
ISBN 978-7-112-15833-1

Ⅰ.①中… Ⅱ.①覃… Ⅲ.①亭-建筑艺术-中国-图集 Ⅳ.① TU-881.2

中国版本图书馆CIP 数据核字（2013）第213421号

©中国建筑工业出版社

责任编辑：董苏华 张惠珍 孙立波
技术编辑：李建云 赵子宽
图片编辑：张振光
美术编辑：赵 清 康 羽
书籍设计：瀚清堂·赵 清 周伟伟 康 羽
责任校对：张慧丽 陈晶晶 关 健
图文统筹：廖晓明 孙 梅 骆毓华
责任印制：郭希增 臧红心
材料统筹：方承艺

中国精致建筑100

# 中国的亭

覃 力 撰文/摄影

中国建筑工业出版社出版、发行（北京西郊百万庄）

各地新华书店、建筑书店经销

南京瀚清堂设计有限公司制版

北京顺诚彩色印刷有限公司印刷

开本：889×710 毫米 1/32 印张：3 插页：1 字数：125 千字
2016年3月第一版 2016年3月第一次印刷
定价：**48.00**元
ISBN 978-7-112-15833-1
　　（24355）